DE L'ATTRACTION

D'UN

ELLIPSOÏDE HOMOGÈNE

SUR UN POINT MATÉRIEL,

D'APRÈS LA LOI DE L'ACTION DES MOLÉCULES ENTRE ELLES,

EN RAISON INVERSE DU CARRÉ DE LA DISTANCE.

THÈSE DE MÉCANIQUE

PRÉSENTÉE A LA FACULTÉ DES SCIENCES DE PARIS

Par A. Borgnet,

AGRÉGÉ DE L'UNIVERSITÉ

PROFESSEUR DE MATHÉMATIQUES AU COLLÉGE ROYAL DE TOURS.

PARIS,

IMPRIMERIE DE BACHELIER,

RUE DU JARDINET, 12.

1840.

ACADÉMIE DE PARIS.

FACULTÉ DES SCIENCES.

PROFESSEURS.

MM.
BIOT, *Doyen.*
THENARD.
LACROIX.
FRANCOEUR.
DE MIRBEL.
GEOFFROY SAINT-HILAIRE.
POUILLET.
PONCELET.
DE BLAINVILLE.
CONSTANT PRÉVOST.
DUMAS.
AUGUSTE SAINT-HILAIRE.
LIBRI.
DESPRETZ.

BEUDANT.

SUPPLÉANTS.

MM.
STURM.
LEFÉBURE DE FOURCY.
I. GEOFFROY SAINT-HILAIRE.
ADRIEN DE JUSSIEU.
PÉLIGOT.
MASSON.
DUHAMEL.
LAURENT.
DELAFOSSE.
BRONGNIART.

THÈSE DE MÉCANIQUE.

DE L'ATTRACTION

D'UN ELLIPSOÏDE HOMOGÈNE

SUR UN POINT MATÉRIEL,

D'après la loi de l'action des molécules entre elles,

EN RAISON INVERSE DU CARRÉ DE LA DISTANCE.

A. *Position de la question.*

1. Les composantes de l'attraction d'un corps de forme quelconque sur un point matériel, sont exprimées par des intégrales triples. Lorsque le corps est homogène, et qu'on détermine ses points par des coordonnées polaires qui aient pour origine le point attiré, l'intégration relative au rayon vecteur s'effectue immédiatement, ce qui réduit les formules à des intégrales doubles, qui sont très différentes, selon que le point attiré est intérieur ou extérieur au corps attirant.

Si le corps attirant est un ellipsoïde et que le corps attiré lui soit intérieur, une seconde intégration s'effectue encore aisément, et les trois composantes de l'attraction sont exprimées par des intégrales simples, réductibles à deux fonctions elliptiques de première et de deuxième espèce, dont les valeurs s'obtiennent sous forme finie, quand il s'agit d'un ellipsoïde de révolution.

Lorsque le point attiré est placé en dehors de l'ellipsoïde, les intégrales doubles contiennent un radical et ont des limites qui les rendent beaucoup plus compliquées. Mais un théorème très simple, dû à M. Ivory, permet de ramener le second cas au premier, ce qui dispense de traiter directement les intégrales particulières à ce cas. Cependant Poisson surmonta les difficultés (*Mémoires de l'Académie des Sciences*, t. XIII) que ces intégrales avaient toujours présentées aux analystes, et apprit ainsi à se passer du théorème de M. Ivory.

Dans ce même Mémoire, Poisson donne l'expression de l'attraction d'une couche infiniment mince, comprise entre deux surfaces ellipsoïdales, concentriques, semblables et semblablement placées, et trouve que cette attraction est dirigée suivant l'axe du cône qui a pour sommet le point attiré, et qui est circonscrit à la surface externe de la couche.

M. Chasles a fait voir (*Journal de l'École Polytechnique*, xxve Cah.) que les résultats trouvés par Poisson, et quelques autres qui s'y rapportent, peuvent être déduits facilement des formules ordinaires de l'attraction d'un ellipsoïde homogène sur un point extérieur, sans qu'on ait besoin de connaître la méthode qu'on a suivie pour arriver à ces formules. Le même géomètre (même recueil) a aussi employé des considérations nouvelles et purement géométriques pour arriver à la formule de l'attraction d'une couche ellipsoïdale.

2. Nous nous proposons d'exposer par la voie de l'analyse les différents résultats auxquels sont arrivés les géomètres qui ont traité la question de l'attraction d'un ellipsoïde homogène. Nous suivrons Lagrange dans la partie relative au cas du point intérieur; nous aurons recours au théorème de M. Ivori pour traiter la partie relative au cas du point extérieur; enfin, nous adopterons la méthode de M. Chasles pour arriver à l'expression de l'attraction d'une couche ellipsoïdale et à la démonstration du théorème de Maclaurin, généralisé par Legendre, et ensuite par M. Chasles, sur le rapport des attractions de deux ellipsoïdes homofocaux sur le même point. Nous commencerons toutefois par quelques considérations générales, indépendantes de toute hypothèse faite sur la forme du corps attirant, et par le cas particulier, examiné d'abord par Newton, où le corps attirant se réduirait à une sphère.

B. *Considérations générales.*

3. Imaginons un corps de masse m, dont chaque élément dm agisse sur un point matériel $M(\alpha, \beta, \gamma)$, avec une intensité qui varie dans le rapport inverse du carré de la distance; les composantes de cette attraction, suivant les trois axes coordonnés, seront proportionnelles aux trois quantités

$$\frac{\alpha - x}{r^3}\,dm, \quad \frac{\beta - y}{r^3}\,dm, \quad \frac{\gamma - z}{r^3}\,dm,$$

dans lesquelles x, y, z, sont les coordonnées du centre de gravité de la molécule dm, et r la distance de ce centre au point M. Les composantes X, Y, Z, de l'attraction totale du corps m sur le point M, seront donc données par les équations

$$(1) \qquad X = \int \frac{\alpha - x}{r^3}\,dm, \quad Y = \int \frac{\beta - y}{r^3}\,dm, \quad Z = \int \frac{\gamma - z}{r^3}\,dm,$$

les intégrales s'étendant à toute la masse du corps m.

4. Si l'on désigne par V la somme de toutes les molécules du corps attirant, divisées respectivement par leurs distances au point attiré, c'est-à-dire si l'on pose

$$V = \int \frac{dm}{r},$$

on aura évidemment

$$(2) \qquad X = -\frac{dV}{d\alpha}, \quad Y = -\frac{dV}{d\beta}, \quad Z = -\frac{dV}{d\gamma},$$

ce qui démontre que les trois composantes de l'attraction totale sont, aux signes près, les différentielles de la fonction V, prises successivement par rapport aux coordonnées du point attiré.

5. Des équations (1) l'on tire, par une double différentiation,

$$(3) \qquad \frac{d^2V}{d\alpha^2} + \frac{d^2V}{d\beta^2} + \frac{d^2V}{d\gamma^2} = 0,$$

relation remarquable donnée par Laplace, et dont la considération lui sert à déterminer la figure de tous les corps célestes.

6. Poisson, le premier, a fait observer que cette relation devait être modifiée dans le cas où le point attiré fait partie de la masse attirante. Dans ce cas, en effet, l'une des quantités $\frac{dm}{r}$, dont la fonction V se compose, celle qui est relative au point M, devient infinie, et ses différentielles prennent la forme $\frac{0}{0}$. Or si l'on imagine une sphère intérieure à la masse m, et dont le point M fasse partie, la quantité V pourra être regardée comme la somme de deux quantités U + T, dont la première U, est relative à la sphère, et la deuxième T, relative à l'excès de la masse m sur cette sphère. Mais le point M ne faisant pas partie de cet excès, on a, d'après l'équation de Laplace,

$$\frac{d^2T}{d\alpha^2} + \frac{d^2T}{d\beta^2} + \frac{d^2T}{d\gamma^2} = 0,$$

et par suite

$$\frac{d^2V}{d\alpha^2} + \frac{d^2V}{d\beta^2} + \frac{d^2V}{d\gamma^2} = \frac{d^2U}{d\alpha^2} + \frac{d^2U}{d\beta^2} + \frac{d^2U}{d\gamma^2}.$$

Appuyons-nous maintenant sur un fait qui sera reconnu plus loin : en vertu de ce fait, si notre sphère auxiliaire est homogène, de densité ρ, son action sur le point M se réduira à l'action d'un sphère plus petite, concentrique à la première, et d'un rayon égal à la distance de son centre (μ, ν, ξ) au point M, action qui est la même que si cette dernière sphère était condensée à son centre, de sorte qu'on aura

$$-\frac{d^2U}{d\alpha^2} = \frac{4}{3}\pi\rho(\alpha - \mu), \quad -\frac{d^2U}{d\beta^2} = \frac{4}{3}\pi\rho(\beta - \nu), \quad -\frac{d^2U}{d\gamma^2} = \frac{4}{3}\pi\rho(\gamma - \xi),$$

et par conséquent,

$$(4) \qquad \frac{d^2V}{d\alpha^2} + \frac{d^2V}{d\beta^2} + \frac{d^2V}{d\gamma^2} = -4\pi\rho,$$

c'est l'équation de Poisson.

Le rayon de la sphère auxiliaire dont nous avons fait usage étant aussi petit que l'on veut, l'équation précédente subsistera, quelle que soit la densité du corps attirant ; mais il est bien entendu que ρ devra représenter la densité de ce corps, au point où est placé le corps attiré.

C. *Attraction d'une sphère homogène.*

7. Supposons que le corps attirant soit une sphère homogène. Si l'on considère la ligne qui joint son centre au point M, et qu'on décompose l'action de toutes les molécules *dm* en trois autres rectangulaires, dont l'une agisse suivant cette ligne, il est évident que les autres composantes se détruiront toutes deux à deux, de telle sorte que l'action totale X de la sphère sur le point M se réduira à la somme des composantes partielles suivant cet axe. On aura donc

$$(5) \qquad X = \int \frac{\alpha - x}{r^3} dm.$$

Pour faciliter l'intégration, au lieu de fixer la position de la molécule *dm* par ses coordonnées rectilignes, nous aurons recours à sa distance u au centre de la sphère, à l'angle φ que fait cette distance avec l'axe passant par son centre et par le point M, et enfin à l'angle ω qu'un plan fixe passant par cet axe, fait avec le plan passant par cette molécule et par le même axe. Alors le volume de l'élément *dm* pourra s'exprimer par le produit $u^2 \sin\varphi du\, d\omega\, d\varphi$; d'ailleurs la distance du point M au centre de la sphère étant représentée par f, nous aurons $\alpha - x = f - u \cos\varphi$, et l'équation (5) deviendra, puisque la sphère est homogène,

$$X = \rho \iiint u^2 \sin\varphi \frac{f - u \cos\varphi}{r^3} du\, d\varphi\, d\omega,$$

r étant lié aux variables u, φ, ω, par la relation

$$(6) \qquad r^2 = u^2 + f^2 - 2uf \cos\varphi.$$

Or en posant, comme précédemment,

$$V = \int \frac{dm}{r} = \rho \iiint \frac{u^2 \sin\varphi\, du\, d\varphi\, d\omega}{r},$$

on obtient

$$X = -\frac{dV}{df}.$$

L'intégration relative à ω doit être faite de $\omega = 0$ à $\omega = 2\pi$, d'où

$$V = 2\pi\rho \iint \frac{u^2 \sin\varphi\, du\, d\varphi}{r}.$$

Pour faire l'intégration relativement à φ, entre les limites $\varphi = 0$ et $\varphi = \pi$, on regardera u comme constant dans l'équation (6), et la différentiation de cette équation ramènera la valeur de V à la forme

$$V = \frac{2\pi\rho}{f} \iint u\, du\, dr,$$

laquelle devra être intégrée par rapport à r, entre les limites $r = u - f$ et $r = u + f$, si le point attiré est intérieur à la couche sphérique dont le rayon est u, et entre les limites $r = f - u$ et $r = f + u$, s'il est extérieur.

8. Dans le premier cas, V devient indépendant de f, et par conséquent X est nul. Cette conséquence a lieu, quel que soit le rayon de la sphère; de sorte que si, à cette sphère, on surajoutait une couche qui lui fût concentrique, l'attraction totale du système sur le point M n'en serait pas modifiée. Ainsi donc :

Un point matériel placé dans l'intérieur d'une sphère creuse n'en éprouve aucune action.

Ce résultat aurait pu être obtenu par de simples considérations géométriques.

9. Dans le cas où le point attiré est extérieur à la sphère, la valeur de V devient

$$V = \frac{4\pi\rho}{f} \int u^2\, du,$$

et partant

$$X = \frac{4\pi\rho}{f^2} \int u^2\, du.$$

Cette équation donnera l'action, sur le point M, d'une couche sphérique dont le rayon intérieur est l_0 et le rayon extérieur l_1, si l'on intègre entre les limites $u=l_0$ et $u=l_1$; on aura donc entre ces limites

$$X=\frac{4\pi\rho}{3f^2}(l_1^3-l_0^3).$$

D'un autre côté, m étant la masse de la couche attirante, on a

$$m=\tfrac{4}{3}\pi\rho(l_1^3-l_0^3),$$

et par suite

$$X=\frac{m}{f^2}.$$

Cela fait voir que :

Une couche sphérique agit sur un point extérieur, comme elle le ferait si elle était concentrée en son centre de gravité.

De ce résultat, rapproché du précédent, on conclut que :

Si le point attiré fait partie de la couche attirante, il ne subira d'action que de la portion de cette couche comprise entre la surface intérieure et une surface concentrique à celle-ci, mais passant par le point attiré; et cette action s'exercera comme si cette position de couche était réunie à son centre.

Enfin dans le cas d'une sphère pleine, et lorsque le point attiré est placé à sa surface, ou dans son intérieur, à une distance a de son centre, on obtient $X=\frac{4}{3}\pi\rho u$, c'est-à-dire que :

Dans l'intérieur d'une sphère homogène, l'attraction est proportionnelle à la distance du point attiré à son centre.

D. *Formules générales de l'attraction d'un ellipsoïde homogène.*

10. Soient a, b, c les trois demi-axes d'un ellipsoïde homogène de densité ρ; l'équation de la surface rapportée à ses axes sera

$$(7)\qquad \frac{x^2}{a^2}+\frac{y^2}{b^2}+\frac{z^2}{c^2}=1:$$

si nous désignons par $dx\,dy\,dz$ l'élément de volume, nous aurons $m=\rho dx\,dy\,dz$, et les équations (1), qui donnent l'attraction de cet ellipsoïde sur le point M, pourront s'intégrer une première fois.

La première, par exemple, étant intégrée par rapport à x, donnera

$$(8)\qquad X = \rho \iint \left(\frac{1}{r_1} - \frac{1}{r_0}\right) dy\,dz,$$

r_1 et r_0 étant les valeurs que prend

$$r = \sqrt{(\alpha - x)^2 + (\beta - y)^2 + (\gamma - z)^2},$$

lorsqu'on y met pour x les deux déterminations fournies par l'équation (7). Mais l'intégration ne peut être poussée plus loin. En conséquence, on change de système de coordonnées; on détermine la position des points de l'espace par leur distance r, à un point fixe que nous supposerons être le point attiré M, par l'angle θ que fait cette distance avec une parallèle à l'axe des x, menée par le point M, et par l'angle ω formé par deux plans conduits suivant cette parallèle, et dont l'un, fixe, est parallèle au plan des xy, tandis que l'autre, variable, passe par le point de l'espace qu'on veut déterminer.

Les anciennes coordonnées sont liées aux nouvelles par les relations

$$(9)\qquad \alpha - x = r\cos\theta, \quad \beta - y = r\sin\theta\cos\omega, \quad \gamma - z = r\sin\theta\sin\omega,$$

et l'élément dm peut, en supposant $\rho = 1$, être mis sous la forme

$$dm = r^2 \sin\theta\, dr\, d\theta\, d\omega,$$

ce qui transforme les équations (1) et (7) dans les suivantes :

$$(10)\qquad \begin{cases} X = \iiint \sin\theta\cos\theta\, dr\, d\theta\, d\omega, \\ Y = \iiint \sin^2\theta\cos\omega\, dr\, d\theta\, d\omega, \\ Z = \iiint \sin^2\theta\sin\omega\, dr\, d\theta\, d\omega, \end{cases}$$

$$(11)\qquad \frac{(\alpha - r\cos\theta)^2}{a^2} + \frac{(\beta - r\sin\theta\cos\omega)^2}{b^2} + \frac{(\gamma - r\sin\theta\sin\omega)^2}{c^2} = 1.$$

11. Les équations (10) peuvent être intégrées par rapport à r, et donnent

$$(12)\qquad \begin{cases} X = \iint (r_1 - r_0) \sin\theta\cos\theta\, d\theta\, d\omega, \\ Y = \iint (r_1 - r_0) \sin^2\theta\cos\omega\, d\theta\, d\omega, \\ Z = \iint (r_1 - r_0) \sin^2\theta\sin\omega\, d\theta\, d\omega, \end{cases}$$

r_1 et r_0 étant les valeurs de r, tirées de l'équation (11).

Ici se présentent deux cas bien distincts, celui où le point M est intérieur à l'ellipsoïde, et celui où il est extérieur. En effet, l'équation (11) étant de la forme

$$Gr^2 - 2Hr + I = 0,$$

on en tire $r = \frac{H \pm \sqrt{H^2 - GI}}{G}$, de sorte que la quantité $r_1 - r_0$ devient $\frac{2H}{G}$ dans le premier cas, et $\frac{2\sqrt{H^2 - GI}}{G}$ dans le second.

E. *Attraction d'un ellipsoïde homogène sur un point intérieur.*

12. D'après ce qui précède, les composantes de l'attraction d'un ellipsoïde homogène sur un point intérieur à sa masse ont pour expressions

$$X = 2\iint \frac{H}{G} \sin\theta \cos\theta \, d\theta \, d\omega,$$

$$Y = 2\iint \frac{H}{G} \sin^2\theta \cos\omega \, d\theta \, d\omega,$$

$$Z = 2\iint \frac{H}{G} \sin^2\theta \sin\omega \, d\theta \, d\omega,$$

les intégrales relatives à ω et à θ devant être étendues à toutes les valeurs de ces deux variables comprises entre 0 et π.

Or, en ayant égard aux valeurs de H et G,

$$H = \frac{\alpha \cos\theta}{a^2} + \frac{\beta \sin\theta \cos\omega}{b^2} + \frac{\gamma \sin\theta \sin\omega}{c^2},$$

$$G = \frac{\cos^2\theta}{a^2} + \frac{\sin^2\theta \cos^2\omega}{b^2} + \frac{\sin^2\theta \sin^2\omega}{c^2},$$

on reconnaît que chacune des expressions précédentes se compose de trois intégrales dont deux sont nulles, parce qu'elles sont la somme des valeurs que prennent deux fonctions de θ et de ω, valeurs qui s'anéantissent deux à deux, entre les deux limites de l'intégration. On a donc simplement

$$(13)\quad \left\{\begin{aligned} X &= 2\alpha \iint \frac{\sin\theta \cos^2\theta \, d\theta \, d\omega}{\cos^2\theta + \frac{a^2}{b^2}\sin^2\theta\cos^2\omega + \frac{a^2}{c^2}\sin^2\theta\sin^2\omega}, \\ Y &= 2\beta \iint \frac{\sin^3\theta \cos^2\omega \, d\theta \, d\omega}{\sin^2\theta\cos^2\omega + \frac{b^2}{a^2}\cos^2\theta + \frac{b^2}{c^2}\sin^2\theta\sin^2\omega}, \\ Z &= 2\gamma \iint \frac{\sin^3\theta \sin^2\omega \, d\theta \, d\omega}{\sin^2\theta\sin^2\omega + \frac{c^2}{a^2}\cos^2\theta + \frac{c^2}{b^2}\sin^2\theta\cos^2\omega}. \end{aligned}\right.$$

13. Plusieurs conséquences résultent de la forme de ces intégrales :

1°. *Les composantes de l'attraction d'un ellipsoïde homogène, suivant chacun de ses axes, sont proportionnelles aux distances de son centre à trois plans perpendiculaires à ces axes et passant par le point attiré. Par conséquent cette attraction reste parallèle à la même direction pour tous les points situés sur une ligne menée du centre de l'ellipsoïde à sa surface, et son intensité est proportionnelle aux distances qui séparent le centre de ces différents points.*

2°. Les composantes de cette attraction, suivant les axes de l'ellipsoïde, sont liées par la relation

$$(14)\qquad \frac{X}{\alpha} + \frac{Y}{\beta} + \frac{Z}{\gamma} = 4\pi,$$

et leurs différentielles relatives à α, β, γ, par cette autre

$$\frac{dX}{d\alpha} + \frac{dY}{d\beta} + \frac{dZ}{d\gamma} = 4\pi.$$

3°. Si l'on pose $V = \int \frac{dm}{r}$, auquel cas on sait (n° **3**) qu'on a les relations

$$-\frac{dV}{d\alpha} = X, \quad -\frac{dV}{d\beta} = Y, \quad -\frac{dV}{d\gamma} = Z,$$

il viendra, en vertu des équations précédentes,

$$\frac{d^2V}{d\alpha^2} + \frac{d^2V}{d\beta^2} + \frac{d^2V}{d\gamma^2} = -4\pi.$$

C'est l'équation (4) de Poisson, vérifiée pour le cas particulier qui nous occupe.

4°. Les formules (13) ne dépendent pas des dimensions de l'ellipsoïde, mais seulement des rapports de ses axes. Il en résulte que :

Si l'on augmente l'ellipsoïde proposé d'une couche homogène comprise entre deux surfaces ellipsoïdales concentriques et homothétiques (expression par laquelle M. Chasles désigne deux surfaces semblables et semblablement placées), *l'action de cet ellipsoïde n'en sera pas modifiée.*

L'action d'un ellipsoïde homogène sur un point donné de sa propre masse se réduit à celle de la partie de ce corps qui est terminée par une surface concentrique et homothétique à la sienne, et passant par le point donné.

Un point placé au dedans d'une couche ellipsoïdale dont les surfaces interne et externe sont concentriques et homothétiques, est également attiré de toutes parts.

14. Procédons maintenant à une nouvelle intégration des équations (12). La première de ces équations s'intégrera aisément par rapport à ω, en posant tang $\omega = \nu$; il viendra alors

$$X = \frac{3\alpha m}{a^3}\int_0^1 \frac{u^2 du}{\sqrt{1+\frac{b^2-a^2}{a^2}u^2}\sqrt{1+\frac{c^2-a^2}{a^2}u^2}},$$

expression dans laquelle la lettre u remplace cos θ.

Quant aux intégrales des deux autres équations, elles s'obtiendront évidemment par un simple changement de lettres, par le changement réciproque de α en β et de a en b pour la deuxième équation, et par celui de α en γ et de a en c pour la troisième, de sorte qu'on aura

$$Y = \frac{3\beta m}{b^3}\int_0^1 \frac{u^2 du}{\sqrt{1+\frac{a^2-b^2}{b^2}u^2}\sqrt{1+\frac{c^2-b^2}{b^2}u^2}},$$

$$Z = \frac{3\gamma m}{c^3}\int_0^1 \frac{u^2 du}{\sqrt{1+\frac{b^2-c^2}{c^2}u^2}\sqrt{1+\frac{a^2-c^2}{c^2}u^2}}.$$

Lorsqu'on fait $\frac{b^2-u^2}{u^2}=\lambda^2$ et $\frac{c^2-a^2}{a^2}=\lambda'^2$ dans la première de ces formules, $u=\frac{b\nu}{a\sqrt{1+\lambda^2\nu^2}}$ dans la deuxième $u=\frac{b\nu^2}{a\sqrt{1+\lambda'^2\nu^2}}$ dans la troisième, elles se transforment dans les suivantes :

$$(15)\quad\left\{\begin{aligned} X &= \frac{3\alpha m}{a^3}\int_0^1 \frac{u^2du}{(1+\lambda^2u^2)^{\frac{1}{2}}(1+\lambda'^2u^2)^{\frac{1}{2}}},\\ Y &= \frac{3\beta m}{a^3}\int_0^1 \frac{u^2du}{(1+\lambda^2u^2)^{\frac{3}{2}}(1+\lambda'^2u^2)^{\frac{1}{2}}},\\ Z &= \frac{3\gamma m}{a^3}\int_0^1 \frac{u^2du}{(1+\lambda^2u^2)^{\frac{1}{2}}(1+\lambda'^2u^2)^{\frac{3}{2}}}, \end{aligned}\right.$$

lesquelles, à leur tour, peuvent s'écrire

$$(16)\qquad X=\frac{3\alpha m}{a^3}L,\quad Y=\frac{3\beta m}{a^3}\,\frac{d.\lambda L}{d\lambda},\quad Z=\frac{3\gamma m}{a^3}\,\frac{d.\lambda' L}{d\lambda'},$$

lorsqu'on y représente l'intégrale $\int_0^1 \frac{u^2du}{(1+\lambda^2u^2)^{\frac{1}{2}}(1+\lambda'^2u^2)^{\frac{1}{2}}}$ par la lettre L.

15. On voit donc que la détermination complète de l'attraction de l'ellipsoïde homogène sur un point intérieur, ou même sur un point placé à sa surface, dépend de l'intégration de la fonction L. Mais l'intégrale ne peut s'obtenir qu'approximativement. On peut, au reste, la ramener à deux fonctions elliptiques de première et de deuxième espèce. En effet, supposons que l'on ait $a > b > c$, il faudra, dans la valeur de L, faire précéder λ^2 et λ'^2 du signe $-$, de sorte que si nous posons $u=\frac{1}{\lambda^2}\sin\xi$, et que nous fassions $q=\text{arc}\sin\lambda'$ et $p^2=\frac{\lambda^2}{\lambda'^2}$, il viendra

$$L=\frac{1}{\lambda^2\lambda'}\left(\int_0^q \frac{d\xi}{\sqrt{1-p^2\sin^2\xi}}-\int_0^q \sqrt{1-p^2\sin^2\xi}\,d\xi\right),$$

ou, suivant la notation de Legendre,

$$L=\frac{1}{\lambda^2\lambda'}\left[F(p,q)-E(p,q)\right].$$

16. La fonction L ne peut s'obtenir exactement que dans le cas particulier d'un ellipsoïde de révolution.

Si, par exemple, l'ellipsoïde est aplati dans le sens de l'axe de révolution que nous supposerons être l'axe a, nous aurons

$$L = \int_0^1 \frac{u^2\,du}{1+\lambda^2 u^2} \quad \frac{d.\lambda L}{d\lambda} = \int_0^1 \frac{u^2\,du}{(1+\lambda^2 u^2)^2},$$

et par suite

$$X = \frac{3\alpha m}{a^3\lambda^3}(\lambda - \text{arc tang}\,\lambda),$$

$$Y = \frac{3\beta m}{2a^3\lambda^3}\left(\text{arc tang}\,\lambda - \frac{\lambda}{1+\lambda^2}\right),$$

$$Z = \frac{3\gamma m}{2a^3\lambda^3}\left(\text{arc tang}\,\lambda - \frac{\lambda}{1+\lambda^2}\right).$$

Si l'ellipsoïde est allongé dans le sens de l'axe de révolution, que nous supposerons toujours être l'axe a, il faudra changer le signe de λ^2 dans les expressions précédentes de L et de $\frac{d.\lambda L}{d\lambda}$, et l'on obtiendra

$$X = \frac{3\alpha m}{2a^3\lambda^3}\left(\log\frac{1+\lambda}{1-\lambda} - 2\lambda\right),$$

$$Y = \frac{3\beta m}{4a^3\lambda^3}\left(\frac{2\lambda}{1-\lambda^2} - \log\frac{1+\lambda}{1-\lambda}\right),$$

$$Z = \frac{3\gamma m}{4a^3\lambda^3}\left(\frac{2\lambda}{1-\lambda^2} - \log\frac{1+\lambda}{1-\lambda}\right).$$

Enfin quand l'ellipsoïde dégénère en une sphère, on a

$$L = \int_0^1 u^2\,du$$

et

$$X = \frac{\alpha m}{a^3},\quad Y = \frac{\beta m}{a^3},\quad Z = \frac{\gamma m}{a^3},$$

d'où

$$\sqrt{X^2+Y^2+Z^2} = \frac{m}{a^3}\sqrt{\alpha^2+\beta^2+\gamma^2} = \frac{4}{3}\pi\sqrt{\alpha^2+\beta^2+\gamma^2};$$

c'est-à-dire que l'attraction est proportionnelle à la distance qui sépare le point attiré du centre de la sphère attirante, conséquence conforme avec tout ce qui a été dit précédemment.

F. *Attraction d'un ellipsoïde homogène sur un point extérieur.*

17. Lorsque le point attiré est extérieur à l'ellipsoïde, les intégrales (12), qui donnent l'attraction, outre l'inconvénient de contenir un radical, doivent être prises de telle sorte que la différence $r_1 - r_0$ devienne nulle aux limites de l'intégration, ce qui augmente encore la difficulté du problème. Pour la surmonter aisément, nous emploierons le théorème suivant, dû à M. Ivori :

18. *Si l'on nomme points correspondants les points pris sur la surface de deux ellipsoïdes décrits des mêmes foyers, de manière que leurs coordonnées, respectivement parallèles aux trois axes, soient entre elles comme ces axes, les attractions réciproques qu'exercent, parallèlement à chaque axe, ces ellipsoïdes sur les points correspondants de leurs surfaces, seront entre elles comme les produits des deux autres axes.*

Démonstration. Soit toujours

(7) $$\frac{x^2}{a^2} + \frac{y^2}{b^2} + \frac{z^2}{c^2} = 1$$

l'équation de l'ellipsoïde agissant sur le point extérieur $M(\alpha, \beta, \gamma)$, son action parallèle à l'axe des x pourra être représentée par l'équation,

(8) $$X = \int\int \left(\frac{1}{r_1} - \frac{1}{r_0}\right) dydz.$$

Imaginons que le point M appartienne à la surface d'un second ellipsoïde

(7') $$\frac{x^2}{a'^2} + \frac{y^2}{b'^2} + \frac{z^2}{c'^2} = 1$$

homofocal avec le premier, ce qui suppose les relations

(A) $$b^2 - a^2 = b'^2 - a'^2, \quad c^2 = a^2 = c'^2 - a'^2.$$

L'action de cet ellipsoïde sur un point quelconque $M'(\alpha', \beta', \gamma')$, placé à la surface du premier, sera représenté par l'équation

$$(8') \qquad X' = \iint \left(\frac{1}{r'_1} - \frac{1}{r'_0}\right) dydz.$$

Ce que nous voulons prouver, c'est que si les points M et M' sont correspondants, c'est-à-dire si l'on a

$$(B) \qquad \frac{\alpha}{\alpha'} = \frac{a}{a'}, \quad \frac{\beta}{\beta'} = \frac{b}{b'}, \quad \frac{\gamma}{\gamma'} = \frac{c}{c'},$$

on aura aussi la relation

$$\frac{X}{X'} = \frac{bc}{b'c'}.$$

Or les quantités r_1 et r_0 de l'équation (8) sont les valeurs que prend le rayon vecteur $r = \sqrt{(\alpha-x)^2+(\beta-y)^2+(\gamma-z)^2}$ quand, à la place de x, on met successivement les deux racines de l'équation (7); de même les quantités r'_1 et r'_0 de l'équation (8') sont les valeurs que prend le rayon vecteur $r' = \sqrt{(\alpha'-x)^2+(\beta'-y)^2+(\gamma'-z)^2}$, quand on met pour x les deux racines de l'équation (7'). Mais il est facile de voir que les ellipsoïdes (7) et (7') peuvent être représentés par les équations

$$(C) \qquad \begin{cases} x = a\cos\theta, \\ y = b\sin\theta\cos\omega, \\ z = c\sin\theta\sin\omega, \end{cases} \quad \text{et} \quad \begin{cases} x = a'\cos\theta, \\ y = b'\sin\theta\cos\omega, \\ z = c'\sin\theta\sin\omega, \end{cases}$$

θ et ω conservant la signification que nous leur avons déjà donnée, et pouvant recevoir toutes les valeurs possibles depuis o jusqu'à π; par conséquent les quantités r_1 et r'_1 d'une part, r_0 et r'_0 de l'autre, seront les valeurs que prendront les quantités r et r', quand, à la place de x, on mettra $\pm\, a\cos\theta$ et $\pm\, a'\cos\theta$, et pour y et z leurs valeurs correspondantes en θ et ω.

Or il est facile de voir, en ayant égard aux relations (A) et (B) et à la supposition qui place les points M et M' respectivement sur les ellipsoïdes (7) et (7'), que les différences $r_1^2 - r_1'^2$ et $r_0^2 - r_0'^2$ sont nulles. Comme d'ailleurs les équations (C), ou même de simples considérations géométriques, font voir que le produit $dydz$ est égal à

$bc\sin\theta\cos\theta d\theta d\omega$ dans l'équation (8) et à $b'c'\sin\theta\cos\theta d\theta d\omega$ dans l'équation (8′), il s'ensuit qu'on a

$$X = bc\int\int\left(\frac{1}{r_1}-\frac{1}{r_0}\right)\sin\theta\cos\theta d\theta d\omega,$$

$$X' = b'c'\int\int\left(\frac{1}{r_1}-\frac{1}{r_0}\right)\sin\theta\cos\theta d\theta d\omega,$$

les intégrales devant être prises entre les mêmes limites. On en conclut donc

$$\frac{X}{X'}=\frac{bc}{b'c'}:$$

c'est le théorème de M. Ivory.

19. Poisson a fait remarquer que le théorème de M. Ivory est indépendant de la loi de l'attraction des molécules matérielles entre elles. Et en effet, la démonstration qu'on a donnée est fondée sur la forme que prend l'expression de r^2, expression qui se trouve identique pour deux points correspondants, et non sur la forme de la fonction de r qui exprime la loi de l'attraction.

20. Plusieurs conséquences se déduisent de ce théorème remarquable.

1°. *Si l'on imagine deux sphères concentriques, l'attraction de la grande sphère, sur un point placé à la surface de la petite, est à l'attraction de la petite, sur un point placé à la surface de la grande, comme les carrés de leurs rayons, ou comme la surface de la sphère extérieure est à celle de la sphère intérieure.*

Cette conséquence immédiate du théorème de M. Ivory peut se vérifier, d'après ce qui a été dit précédemment sur l'attraction des sphères; car si l'on appelle R et R′ les rayons des deux sphères, l'attraction X′ de la grande, sur un point placé à la surface de la petite, sera représentée par $\frac{4}{3}\pi R$, tandis que l'attraction X de la petite sur un point placé à la surface de la grande, le sera par $\frac{4}{3}\pi\frac{R^3}{R'^2}$.

2°. Si la formule $X' = \frac{4}{3}\pi R$ fait voir que l'attraction d'une sphère sur un point intérieur est indépendante du rayon de cette sphère, et que, par conséquent, une couche sphérique n'a aucune action sur une couche sphérique, le théorème de M. Ivory démontre que cette propriété n'a lieu que dans le cas de la nature, c'est-à-dire lorsque les molécules de la matière s'attirent en raison inverse du carré de la distance. En effet, l'existence de cette propriété exige que X' soit indépendant de R'; or le théorème de M. Ivory, d'après l'extension que Poisson y a remarquée, veut que l'on ait $X = \frac{H}{R'^2}$, H étant une quantité indépendante de R'; on voit donc que l'action de la sphère sur un point extérieur doit agir en raison inverse du carré de la distance qui sépare le point attiré du centre de cette sphère, et que, par suite, la même loi doit s'étendre aux molécules de la matière. La loi de la nature est donc la seule dans laquelle une couche sphérique n'aura aucune action sur les points placés à son intérieur, et la seule aussi dans laquelle une couche attire les points extérieurs, comme si toute sa masse était réunie à son centre.

21. La conséquence la plus importante est celle qu'il nous reste à exposer, celle qui est relative à la détermination des composantes X, Y, Z de l'attraction de l'ellipsoïde (7) sur un point extérieur $M(\alpha, \beta, \gamma)$.

Qu'on imagine un deuxième ellipsoïde, homofocal avec le premier, agissant sur le point $M'(\alpha', \beta', \gamma')$ de la surface du premier, correspondant au point M : les composantes de l'attraction de ce second ellipsoïde seront, d'après les formules (16),

$$X' = \frac{3\alpha' m'}{a'^3} L', \quad Y' = \frac{3\beta' m'}{a'^3} \frac{d.\lambda L'}{d\lambda}, \quad Z' = \frac{3\gamma' m}{a'^3} \frac{d.\lambda' L'}{d\lambda'},$$

m' étant sa masse, a', b', c' ses demi-axes, L' ce que devient la quantité L quand on y remplace λ^2 par $\frac{b'^2 - a'^2}{a'^2}$ et λ'^2 par $\frac{c'^2 - a'^2}{a'^2}$, ou plutôt λ^2 par $\frac{b^2 - a^2}{a'^2}$ et λ'^2 par $\frac{c^2 - a^2}{a'^2}$, puisque les deux ellipsoïdes sont homofocaux. En vertu des relations (B), et en observant qu'on a $m' = \frac{4}{3}\pi a'b'c'$, ces formules deviendront

$$X' = \frac{4\pi\alpha a b' c'}{a'^3} L', \quad Y' = \frac{4\pi\beta b a' c'}{a'^3} \frac{d.\lambda L'}{d\lambda}, \quad Z' = \frac{4\pi\gamma c a' b'}{a'^3} \frac{d.\lambda' L'}{d\lambda'}.$$

Enfin, à cause de $m = \frac{4}{3}\pi abc$, et en raison des relations

$$(17) \qquad X = X' \frac{bc}{b'c'}, \qquad Y = Y' \frac{ac}{a'c'}, \qquad Z = Z' \frac{ab}{a'b'}$$

que donne le théorème de M. Ivory, on obtient pour les composantes cherchées :

$$(18) \qquad X = \frac{3\alpha m}{a'^3} L', \quad Y = \frac{3\beta m}{a'^3} \frac{d.\lambda L'}{d\lambda}, \quad Z = \frac{3\gamma m}{a'^3} \frac{d.\lambda' L'}{d\lambda'}.$$

22. Les composantes de l'attraction d'un ellipsoïde homogène sur un point extérieur dépendent donc de l'intégration de la même quantité L, qu'on rencontre dans l'attraction d'un ellipsoïde sur un point intérieur, et, en outre, de la détermination de la quantité a', qui est donnée par l'équation du 6me degré

$$(19) \qquad \frac{\alpha^2}{a'^2} + \frac{\beta^2}{a'^2 + b^2 - a^2} + \frac{\gamma^2}{a'^2 + c^2 - a^2} = 1.$$

Le degré de cette équation se ramène au troisième, en posant $a'^2 = t$; et l'équation transformée en t n'a qu'une seule racine réelle et positive, si, comme on peut bien le supposer, l'axe $2a$ est le plus petit axe de l'ellipsoïde; le problème est donc parfaitement déterminé. D'ailleurs l'équation en t se simplifie encore dans le cas d'un ellipsoïde de révolution, car alors elle est du second degré seulement.

23. On voit, à l'inspection des équations (18), que *les attractions de deux ellipsoïdes homofocaux sur un même point extérieur s'exercent suivant la même direction et sont entre elles comme leurs masses*. C'est le théorème de Maclaurin dont nous avons fait mention au n° **2**. Toutefois Maclaurin ne l'avait démontré que dans le cas où le point attiré est sur l'un des axes principaux des ellipsoïdes. Mais ce cas particulier présentait assez de difficultés pour que les efforts de d'Alembert ne conduisissent d'abord ce géomètre qu'à le trouver faux, et pour que Lagrange, qui le démontra quelque temps après, bornât sa démonstration au cas particulier en question. D'Alembert, pour réparer son erreur, en donna aussi trois démonstrations, mais, comme Lagrange, sans aller au-delà de Maclaurin. C'est Legendre qui, peu de temps après (*Mémoires des Savans étrangers*, t. X), fit faire un pas à cette question, en démontrant le théorème pour le cas où le point attiré est dans l'un des plans principaux des ellipsoïdes, et qui, dès-lors, soupçonna toute sa généralité, qu'il démontra en effet quelques années après (*Mémoires de l'Académie des Sciences*, année 1788).

24. Les composantes de l'attraction d'un ellipsoïde sur un point extérieur sont liées entre elles par une relation analogue à l'équation (14), relative au point intérieur. En effet, en vertu de cette équation (14), on a

$$\frac{X'}{\alpha'} + \frac{Y'}{\beta'} + \frac{Z'}{\gamma'} = 4\pi,$$

et si l'on a égard aux équations (17) et aux relations (B), on en déduira

$$\frac{X}{\alpha} + \frac{Y}{\beta} + \frac{Z}{\gamma} = 4\pi \frac{abc}{a'b'c'}:$$

c'est la relation en question.

G. *Attraction d'une couche ellipsoïdale sur un point extérieur.*

25. Quand un ellipsoïde homogène agit sur un point extérieur $M(\alpha, \beta, \gamma)$, les composantes de son attraction sont données par les équations (18). Le second membre de la première, qui peut s'écrire

$$4\pi\alpha \frac{abc}{a'} \int_0^1 \frac{u^2du}{\sqrt{a'^2 + (b^2 - a^2)u^2}\sqrt{a'^2 + (c^2 - a^2)u^2}},$$

représente la composante de l'attraction suivant l'axe des x; et si l'on change de variable et qu'on pose $u = \frac{a'}{a} v$, cette composante pourra s'écrire

$$4\pi\alpha\, bc \int_0^{\frac{a}{a'}} \frac{v^2dv}{\sqrt{a^2 + (b^2 - a^2)v^2}\sqrt{a^2 + (c^2 - a^2)v^2}}.$$

Imaginons maintenant un second ellipsoïde homogène, de même densité que le premier, concentrique et homothétique avec lui; la composante, suivant le même axe, de l'action qu'il exercera sur le point M, aura également pour expression

$$4\pi\alpha BC \int_0^{\frac{A}{A'}} \frac{v^2 dv}{\sqrt{A^2 + (B^2 - A^2)v^2}\sqrt{A^2 + (C^2 - A^2)v^2}},$$

en appelant A, B, C les demi-axes du nouvel ellipsoïde, et A' le demi-diamètre, suivant l'axe des x, d'un autre ellipsoïde auxiliaire homofocal avec le précédent; A' est donné par l'équation

$$\frac{\alpha^2}{A'^2} + \frac{\beta^2}{A'^2 + (B^2 - A^2)} + \frac{\gamma^2}{A'^2 + (C^2 - A^2)} = 1,$$

analogue à l'équation (19). En vertu des relations $\frac{B}{A} = \frac{b}{a}$, $\frac{C}{A} = \frac{c}{a}$, qui établissent la similitude des deux ellipsoïdes considérés, la dernière composante prend la forme

$$4\pi\alpha bc \int_0^{\frac{A}{A'}} \frac{v^2 dv}{\sqrt{a^2 + (b^2 - a^2)v^2}\sqrt{a^2 + (c^2 - a^2)v^2}}.$$

Par conséquent, si l'on vient à en retrancher la composante relative au premier ellipsoïde, il viendra

$$4\pi\alpha bc \int_{\frac{a}{a'}}^{\frac{A}{A'}} \frac{v^2 dv}{\sqrt{a^2 + (b^2 - a^2)v^2}\sqrt{a^2 + (c^2 - a^2)v^2}},$$

pour la composante de l'attraction, suivant l'axe des x, d'une couche homogène comprise entre deux surfaces ellipsoïdales concentriques et homothétiques. Par suite, si nous ôtons le signe $\int$, et que nous remplacions x par $\frac{a}{a'}$, la quantité résultante dX, qui pourra s'écrire

$$dX = 4\pi\alpha \frac{bc}{b'c'} d\frac{a}{a'},$$

en faisant attention que l'on a

$$b' = \sqrt{a'^2 + b^2 - a^2} \quad \text{et} \quad c' = \sqrt{a'^2 + c^2 - a^2},$$

représentera la composante de l'attraction d'une couche ellipsoïdale infiniment mince et homogène, dont la surface extérieure a pour demi-axes a, b et c, et la surface intérieure $a - da$, $b - db$, $c - dc$. Ces deux surfaces sont d'ailleurs concentriques et homothétiques, ce qui donne les conditions

$$\frac{db}{da} = \frac{b}{a}, \quad \frac{dc}{da} = \frac{c}{a}.$$

De l'équation (19) on peut tirer la valeur de la différentielle $d\frac{a}{a'}$, et il est commode, à cet effet, d'y remplacer le rapport $\frac{a}{a'}$ par une seule lettre t, les rapports constants $\frac{b^2}{a^2}$ et $\frac{c^2}{a^2}$ par deux autres lettres m et n, et de différentier l'équation résultante par rapport aux lettres a et t, qui sont les seules variables; on trouve alors aisément

$$d\frac{a}{a'} = \frac{da}{a'^3\left(\frac{\alpha^2}{a'^4} + \frac{\beta^2}{b'^4} + \frac{\gamma^2}{c'^4}\right)}.$$

Mais la longueur de la perpendiculaire p, abaissée de l'origine sur le plan tangent à l'ellipsoïde (7), au point M (α, β, γ), a pour expression

$$p = \frac{1}{\sqrt{\frac{\alpha^2}{a'^4} + \frac{\beta^2}{b'^4} + \frac{\gamma^2}{c'^4}}},$$

et l'angle e qu'elle fait avec l'axe des x a pour cosinus $\frac{\alpha p}{a'^2}$, d'où résulte

$$dX = 4\pi \frac{bc}{a'b'c'} p \cos e \, da;$$

on aurait de même

$$dY = 4\pi \frac{ac}{a'b'c'} p \cos f \, db,$$

$$dZ = 4\pi \frac{ab}{a'b'c'} p \cos g \, dc,$$

pour les composantes, suivant les deux autres axes, de l'attraction de la couche ellipsoïdale, en désignant par f et par g les angles que fait avec ces axes la perpendiculaire p. A cause des relations $\frac{db}{da} = \frac{b}{a}$, $\frac{dc}{da} = \frac{c}{a}$, ces composantes deviennent

$$dX = 4\pi \frac{bc}{a'b'c'} p \cos e \, da,$$

$$dY = 4\pi \frac{bc}{a'b'c'} p \cos f \, da,$$

$$dZ = 4\pi \frac{bc}{a'b'c'} p \cos g \, da.$$

26. De ces expressions on conclut l'attraction effective de la couche et la direction suivant laquelle elle s'exerce. Cette attraction a pour valeur

$$P = 4\pi \frac{bc}{a'b'c'} p \, da, \quad (20)$$

et sa direction fait, avec les trois axes coordonnés, les angles e, f et g, c'est-à-dire qu'elle est la même que celle de la normale à l'ellipsoïde auxiliaire. On a donc ce théorème :

L'attraction qu'une couche infiniment mince, comprise entre deux surfaces ellipsoïdales concentriques et homothétiques, exerce sur un point extérieur, est dirigée suivant la normale, en ce point, à l'ellipsoïde mené par ce point, de manière que ses sections principales soient décrites des mêmes foyers que celles de la surface externe.

Mais d'après un théorème de géométrie, donné par M. Chasles, si l'on conçoit que le point M soit le sommet d'un cône circonscrit à la surface externe de la couche, son axe intérieur doit être normal à l'ellipsoïde auxiliaire au point M. De cette propriété résulte le théorème de Poisson :

La direction de l'attraction d'une couche ellipsoïdale infiniment mince sur un point extérieur, est celle de l'axe intérieur du cône qui a pour sommet ce point et qui est circonscrit à la surface externe de la couche.

Si le point attiré est placé sur la surface de la couche attirante, l'action est dirigée suivant la normale en ce point.

27. Dans le cas où le point attiré est placé à la surface de la couche attirante, on obtient pour la valeur de l'attraction

$$\mathrm{P} = 4\pi p \frac{da}{a}.$$

L'intensité de cette attraction peut encore recevoir une expression plus simple, car on peut dire qu'elle est proportionnelle à l'épaisseur de la couche au point considéré. Des considérations géométriques de la plus grande simplicité mettent ce résultat hors de doute, en donnant $\frac{da}{a} = \frac{d\varepsilon}{p}$ et par conséquent,

$$\mathrm{P} = 4\pi\, d\varepsilon.$$

28. On peut avoir aisément le rapport des actions de deux couches homofocales infiniment minces, sur un même point extérieur.

L'équation (20) donne l'action d'une de ces couches. L'action, sur le même point M, d'une seconde couche analogue à la première, et dont la surface externe serait homofocale avec la surface externe de la première, serait dirigée suivant la normale à l'ellipsoïde auxiliaire (7′), et aurait par conséquent pour expression

$$\text{(21)} \qquad \mathrm{P}_1 = 4\pi \frac{b_1 c_1}{a' b' c'} p\, da,$$

en désignant par a_1, b_1 et c_1 les trois demi-axes principaux de la surface externe de la nouvelle couche. Des équations (20) et (21), on tirerait, en ayant égard aux densités des deux couches, qu'on peut supposer différentes,

$$\frac{\mathrm{P}}{\mathrm{P}_1} = \frac{\rho bcda}{\rho_1 b_1 c_1 da_1}.$$

D'un autre côté, le volume de la première couche a pour expression

$$\frac{4}{3}\pi d.abc = \frac{4}{3}\pi d \frac{b}{a}\frac{c}{a} a^3 = \frac{4}{3}\pi \frac{b}{a}\frac{c}{a} da^3 = 4\pi bcda,$$

puisque les rapports $\frac{b}{a}$ et $\frac{c}{a}$ sont constants. On aurait de même $4\pi b_1 c_1 da_1$ pour le volume de la deuxième couche, et par conséquent

$\frac{P}{P_1} = \frac{m}{m_1}$, en désignant par m et m_1 les masses des deux couches. On a donc ce théorème :

Si l'on a deux couches infiniment minces comprises chacune entre deux surfaces ellipsoïdales, concentriques et homothétiques, et si les surfaces externes des deux couches sont homofocales, de même que leurs surfaces internes, les attractions de ces deux couches sur un même point situé en dehors de leurs surfaces, s'exerceront suivant la même direction, et seront entre elles comme les masses des deux couches, en supposant les deux couches homogènes, mais de densité quelconque.

29. Le même théorème s'applique évidemment à deux couches d'une épaisseur finie, pourvu que leurs surfaces internes soient homofocales, de même que leurs surfaces externes; car deux pareilles couches peuvent être décomposées en un même nombre de couches élémentaires infiniment minces, dont les surfaces externes soient encore homofocales deux à deux. Donc on peut dire que :

Deux couches ellipsoïdales homogènes et de densité différente, dont les surfaces externes sont homofocales, aussi bien que les surfaces internes, agissent sur un même point extérieur, dans la même direction, et en raison directe de leurs masses.

Lorsque les surfaces internes de ces couches se réduisent à leur centre, les deux couches deviennent des ellipsoïdes, et alors on obtient le théorème de Maclaurin.

Vu et approuvé,

LE DOYEN DE LA FACULTÉ,

J.-B. BIOT.

Permis d'imprimer,

L'INSPECTEUR GÉNÉRAL DES ÉTUDES,

chargé de l'administration de l'Académie de Paris,

ROUSSELLES.

THÈSE D'ASTRONOMIE.

DES PERTURBATIONS

DANS LE

MOUVEMENT ELLIPTIQUE DES PLANÈTES.

—

A. *Exposition.*

1. La pensée de faire du Soleil le centre du mouvement des planètes remonte bien au-delà de Copernic. Quelques philosophes de l'antiquité avaient mis Vénus et Mercure en mouvement autour du Soleil; les Pythagoriciens faisaient mouvoir la Terre et les planètes autour de cet astre, et Nycétas, au rapport de Cicéron, expliquait l'alternative du jour et de la nuit par la rotation de la Terre sur son axe. Copernic réunit ces diverses opinions en un corps de doctrines dans son ouvrage sur les révolutions célestes qu'il présenta comme une hypothèse, pour ne pas révolter les opinions reçues de son temps. Un siècle plus tard, Galilée, s'aidant de l'usage du télescope, récemment inventé, découvrit les quatre satellites de Jupiter, ce qui lui fournit une nouvelle analogie entre la Terre et les planètes : il reconnut aussi les phases de Vénus, et dès-lors il ne douta plus de son mouvement autour du Soleil. Cependant ces idées n'étaient pas généralement adoptées. Tycho-Brahé lui-même méconnut la loi de la nature. Képler, son disciple, à la suite d'un grand nombre d'observations de la planète Mars, découvrit les trois lois admirables qui ont conservé son nom; mais son imagination ardente s'égara dans la recherche des causes. Descartes imagina le premier de ra-

mener à la mécanique la cause des mouvements célestes; de là ses tourbillons de matière subtile. Mais les tourbillons de Descartes qui, d'abord, avaient été accueillis avec enthousiasme, se dissipèrent devant la découverte de la pesanteur universelle. A l'âge de vingt-cinq ans, Newton, partant des lois de Képler, démontrait que les planètes sont attirées vers le Soleil avec une force dont l'intensité est proportionnelle aux masses, et réciproque aux carrés des distances. Il étendit ensuite cette propriété à toutes les parties de la matière. Parvenu à ce grand principe, Newton en vit découler les principaux phénomènes du système du monde, tels que : l'attraction des sphères homogènes, la variation des degrés du méridien, les oscillations de la mer, quelques inégalités de la Lune, et la précession des équinoxes. Malgré les explications satisfaisantes que Newton, et surtout d'Alembert, Clairaut et Euler donnèrent, après lui, de ces phénomènes, toutes les fois que la découverte d'une nouvelle inégalité se présenta dans le système planétaire, il dut s'élever des doutes sur l'exactitude de la loi de Newton : mais une chose remarquable, c'est qu'une analyse mieux dirigée a toujours rendu compte des nombreuses inégalités des planètes, et souvent même a fait découvrir des inégalités qu'il n'avait pas encore été donné aux astronomes d'observer. Ainsi les travaux de Lagrange, Laplace et Poisson ont toujours confirmé ou prévu les conséquences de la pesanteur universelle.

2. Ce que nous nous proposons ici, c'est d'exposer comment la méthode de la variation des constantes arbitraires de Lagrange peut s'appliquer au calcul des inégalités produites par l'action perturbatrice des planètes. Mais pour donner plus d'ensemble à cette question, nous partirons des lois de Képler, données par l'observation, pour en conclure celle de Newton : de celle-ci nous déduirons les équations du mouvement d'une planète soumise, non-seulement à l'action du Soleil, mais à celle des planètes perturbatrices en nombre indéfini. Ces équations, lorsqu'on fera abstraction des forces perturbatrices, feront retomber sur les lois de Képler ; mais l'intégration amènera six constantes arbitraires qui sont : le grand axe et

l'excentricité de l'orbite elliptique de la planète, sa longitude à une époque déterminée, la longitude de son périhélie et la longitude de ses nœuds sur un plan fixe. Ces six constantes, qu'on appelle éléments elliptiques de la planète, ne devront plus être regardées comme invariables, quand on aura égard aux forces perturbatrices, de sorte que les orbites planétaires devront être considérées comme des ellipses dont les dimensions et la position dans l'espace varient par degrés insensibles.

Toutefois, pour éviter les longueurs, nous nous bornerons à une simple indication des faits et des calculs.

B. *Loi de Newton déduite de celles de Képler.*

3. *Première loi de Képler.* — Les planètes se meuvent dans des orbites planes, et leurs rayons vecteurs décrivent autour du centre du Soleil des aires proportionnelles au temps.

En différenciant deux fois les équations qui établissent cette proportionnalité entre les projections des aires sur trois plans rectangulaires, et en ayant égard aux équations du mouvement du centre de la planète, on déduit que la force accélératrice qui la sollicite est dirigée vers le centre du Soleil. D'ailleurs la proportionnalité des aires au temps suffit pour que l'orbite soit plane.

4. *Deuxième loi de Képler.* — Les orbites des planètes sont des ellipses dont le centre du Soleil occupe un foyer.

Lorsque, partant de cette donnée, on élimine le temps entre l'équation des aires et l'équation de la vitesse, et ensuite la longitude entre l'équation résultante et l'équation polaire de la trajectoire, on arrive à la conséquence que la force accélératrice est réciproque au carré de la distance.

5. *Troisième loi de Képler.* — Les carrés des temps des révolutions des planètes autour du Soleil sont entre eux comme les cubes des grands axes de leurs orbites.

T étant le temps de la révolution d'une planète dans son orbite, dont le grand axe est $2a$, la force accélératrice de la planète, à l'unité de distance, est proportionnelle à $\frac{a^3}{T^2}$. Par conséquent, la troisième loi de Képler permet de conclure que cette force est la même pour toutes les planètes. Donc les forces motrices qui sollicitent des planètes vers le Soleil sont proportionnelles aux masses des planètes.

6. En considérant que les satellites se meuvent autour de leurs planètes, à fort peu près comme si ces planètes étaient immobiles, Newton reconnut que tous ces corps obéissent à la même pesanteur vers le Soleil. Il conclut de l'égalité de l'action à la réaction, que le Soleil pèse vers les planètes, et celles-ci vers leurs satellites; et même que la Terre est attirée par tous les corps qui pèsent sur elle. Il étendit ensuite cette propriété à toutes les parties de la matière, et il établit en principe que chaque molécule de la matière attire toutes les autres, en raison de sa masse et réciproquement au carré de sa distance à la molécule attirée.

C. *Dans l'étude des mouvements de translation des corps célestes, on peut regarder les masses comme réunies à leurs centres de gravité.*

7. Lorsqu'on admet que les molécules de la matière agissent les unes sur les autres conformément à la loi de Newton, si l'on vient à chercher l'expression analytique des composantes de l'attraction d'un corps sur un point matériel, on trouve que, la distance du point attiré au corps attirant étant très grande par rapport aux dimensions de ce corps, on peut, sans erreur sensible, supposer que cette attraction est dirigée suivant la ligne qui joint le point attiré au centre de gravité du corps attirant, et qu'elle s'exerce comme si le corps attirant était concentré en ce dernier point.

Cela posé, soient deux masses m et m'; G et G' leurs centres de gravité. L'attraction de m sur un point quelconque M' de m' est d'abord la même que si la masse m était concentrée au point G : en outre, cette action de G sur tous les points M' de m' est égale et contraire à l'attraction de tous ces points ou de m' sur G, laquelle est la même que si m' était réunie au point G'. Donc l'attraction de deux corps très éloignés est sensiblement la même que si les deux corps étaient réunis à leurs centres de gravité.

8. Si à ces considérations on ajoute que le fait énoncé est rigoureusement vrai pour deux couches sphériques homogènes, quelle que soit la distance à laquelle elles agissent, et que les corps célestes sont sensiblement composés de couches sphériques concentriques et homogènes, on sera en droit d'étendre le principe énoncé à tous ces corps.

D. *Équations différentielles du mouvement relatif des planètes.*

9. Comme on ne peut observer que des mouvements relatifs, on rapporte les mouvements des planètes au centre du Soleil supposé fixe.

Soit M la masse de ce dernier corps; m, m', m''... étant celles des autres corps dont on cherche le mouvement relatif autour de M. Soient ξ, η, ζ les coordonnées rectangles du centre de gravité de M; $\xi + x$, $\eta + y$, $\zeta + z$, celles de m; $\xi + x'$, $\eta + y'$, $\zeta + z'$, celles de m', etc.; il est visible que x, y, z seront les coordonnées de m par rapport à M, x', y', z' celles de m', et ainsi de suite. Nommons r, r', r'',... les distances de m, m', m''... au corps M, et faisons

$$\lambda = \sum \frac{mm'}{\sqrt{(x'-x)^2 + (y'-y)^2 + (z'-z)^2}},$$

le signe $\sum$ indiquant une somme qui s'étend à toutes les masses m, m', m'',... combinées deux à deux, il est aisé de voir qu'on aura

$$\frac{d^2(\xi + x)}{dt^2} = -\frac{\mathrm{M}x}{r^3} + \frac{1}{m}\frac{d\lambda}{dx},$$

ou bien

$$\frac{d^2x}{dt^2} + \frac{\mathrm{M}x}{r^3} + \sum \frac{mx}{r^3} = \frac{1}{m}\frac{d\lambda}{dx},$$

à cause de l'équation du mouvement du centre du Soleil parallèlement à l'axe des x, laquelle est

$$\frac{d^2\xi}{dt^2} = \sum \frac{mx}{r^3}.$$

On peut encore donner une autre forme à l'équation précédente. En effet, si l'on fait, pour abréger, $M + m = \mu$, et qu'on suppose

$$R = \sum m' \left\{ \frac{1}{\sqrt{(x'-x)^2 + (y'-y)^2 + (z'-z)^2}} - \frac{xx' + yy' + zz'}{r'^3} \right\},$$

le signe $\sum$ s'étendant à toutes les planètes perturbatrices, elle devient

$$\frac{d^2x}{dt^2} + \frac{\mu x}{r^3} = \frac{dR}{dx}.$$

On aurait de même, relativement aux deux autres axes,

$$(A) \quad \left\{ \begin{aligned} \frac{d^2y}{dt^2} + \frac{\mu y}{r^3} &= \frac{dR}{dy}, \\ \frac{d^2z}{dt^2} + \frac{\mu z}{r^3} &= \frac{dR}{dz}. \end{aligned} \right.$$

Dans le cas où la planète ne serait pas soumise à d'autre force accélératrice que celle due à l'action du Soleil, les équations de son mouvement seraient simplement

$$(A') \quad \left\{ \begin{aligned} \frac{d^2x}{dt^2} + \frac{\mu x}{r^3} &= 0, \\ \frac{d^2y}{dt^2} + \frac{\mu y}{r^3} &= 0, \\ \frac{d^2z}{dt^2} + \frac{\mu z}{r^3} &= 0. \end{aligned} \right.$$

E. *Intégration des équations du mouvement du centre de gravité d'une planète, en faisant abstraction des forces perturbatrices.*

10. Les équations (A) ne sont pas intégrables exactement, mais les équations (A′) donnent immédiatement

$$(1) \quad c = xy_1 - yx_1, \quad c' = zx_1 - xz_1, \quad c'' = yz_1 - zy_1,$$

c, c', c'' étant trois constantes amenées par l'intégration; x_1, y_1, z_1 désignant les vitesses $\frac{dx}{dt}$, $\frac{dy}{dt}$, $\frac{dz}{dt}$. On en conclut que l'orbite est plane, et que l'équation de son plan est

$$cz + c'y + c''x = 0;$$

que son inclinaison φ sur le plan fixe des xy est donnée par la relation

$$(2) \qquad \tang\varphi = \frac{\sqrt{c'^2 + c''^2}}{c};$$

que la ligne des nœuds fait, avec l'axe des x, un angle α tel qu'on a

$$(3) \qquad \tang\alpha = -\frac{c''}{c'},$$

de sorte qu'en posant

$$(4) \qquad k^2 = c^2 + c'^2 + c''^2,$$

les constantes c, c', c'' prennent la forme

$$(5) \qquad c = k\cos\varphi, \quad c' = -k\sin\varphi\cos\alpha, \quad c'' = k\sin\varphi\sin\alpha.$$

Les équations (1) renferment la première loi de Képler.

11. Des équations (A′) multipliées respectivement par $2dx$, $2dy$, $2dz$, ajoutées et intégrées, on tire l'équation de la vitesse

$$(6) \qquad x_1^2 + y_1^2 + z_1^2 - \frac{2\mu}{r} + h = 0,$$

h étant une nouvelle constante, et r le rayon vecteur mené du Soleil à la planète. En désignant par v la longitude de la planète, comptée sur son orbite, cette équation pourra s'écrire

$$(7) \qquad \frac{dr^2 + r^2dv^2}{dt^2} - \frac{2\mu}{r} + h = 0.$$

D'ailleurs les trois équations (1) étant carrées et ajoutées, donneront l'équation des aires

$$(8) \qquad r^2dv = kdt.$$

Or l'élimination du temps entre les équations (7) et (8) conduit à une équation qui s'intègre sans difficulté; on en tire

$$r = \frac{k^2}{\mu + \sqrt{\mu^2 - k^2 h}\cos(v - \varpi)},$$

et cette équation est identique avec celle de la section conique

(9) $$r = \frac{a(1-e^2)}{1 + e\cos(v - \varpi)},$$

en posant

(10) $$k = \sqrt{\mu a(1-e^2)}, \quad h = \frac{\mu}{a},$$

ϖ désignant la longitude du périhélie, e le rapport de l'excentricité au grand axe.

La deuxième loi de Képler est donc retrouvée.

12. Quant à la troisième loi, elle n'est qu'approximative, comme l'indique l'équation (8). Elle suppose qu'on néglige la masse de la planète relativement à celle du Soleil.

13. Si l'on voulait avoir le rayon vecteur en fonction du temps, il faudrait éliminer v entre (7) et (8), et il viendrait

$$dt = \sqrt{\frac{a}{\mu}}\frac{r\,dr}{\sqrt{a^2e^2 - (a-r)^2}},$$

d'où, posant

(11) $$a - r = ae\cos u,$$

on obtient, l étant une nouvelle constante,

(12) $$t + l = \sqrt{\frac{a^3}{\mu}}(u - e\sin u).$$

D'ailleurs, pour avoir la longitude v, en fonction de l'anomalie excentrique u, il suffit d'éliminer r entre (9) et (11), et il vient alors

(13) $$\operatorname{tang}\tfrac{1}{2}(v - \varpi) = \frac{\sqrt{1+e}}{\sqrt{1-e}}\operatorname{tang}\tfrac{1}{2}u.$$

F. *Variations des constantes arbitraires du mouvement elliptique, quand on a égard aux planètes perturbatrices.*

14. La force qui fait décrire aux corps célestes des sections coniques autour du Soleil est la puissance attractive de cet astre, combinée avec une impulsion que ces corps peuvent être supposés avoir reçue à l'origine du mouvement, dont on peut fixer l'époque à un instant quelconque. Il suit de là que si, la force attractive restant la même, la force d'impulsion éprouve un changement quelconque, la nature de l'orbite ne variera pas; mais ses éléments seront plus ou moins altérés. Imaginons maintenant qu'au lieu d'éprouver une variation finie qui n'agit que pendant un instant, l'impulsion primitive soit soumise à des variations infiniment petites, mais dont l'action soit continue, comme on peut supposer que cela a lieu à l'égard des corps célestes, en vertu de leurs actions mutuelles; l'orbite pourra encore, pendant chaque intervalle de temps dt, être regardée comme une section conique, dont les éléments sont constants pendant cet instant, et varient seulement dans l'instant suivant. Les variations de ces éléments serviront à déterminer l'effet des forces perturbatrices.

15. Supposons que l'une des intégrales premières auxquelles on parvient, en faisant abstraction des forces perturbatrices, ait la forme

$$a = f(x, y, z, x_1, y_1, z_1, t), \tag{a}$$

a étant une constante qui représente un des éléments de l'orbite. Si cette orbite et l'orbite troublée doivent coïncider pendant l'instant dt, il faudra, dans l'une et l'autre, prendre les mêmes valeurs pour x, y, z, x_1, y_1, z_1 : mais au commencement de l'instant suivant, les vitesses x_1, y_1, z_1, devront être considérées comme ayant crû, par l'effet des forces perturbatrices, des trois quantités $\frac{dR}{dx}dt$, $\frac{dR}{dy}dt$, $\frac{dR}{dz}dt$; a ne sera plus alors une constante, mais il devra être regardé comme ayant reçu l'accroissement

$$(a') \qquad da = \left(\frac{du}{dx_1}\frac{d\mathrm{R}}{dx} + \frac{du}{dy_1}\frac{d\mathrm{R}}{dy} + \frac{du}{dz_1}\frac{d\mathrm{R}}{dz}\right)dt.$$

Il est aisé de voir que si l'équation (a) satisfait aux équations (A′) lorsqu'on y regarde a comme une constante, elle satisfait aussi aux équations (A), pourvu qu'on y regarde a comme variant conformément à la relation (a').

16. On peut donner à la différentielle da une autre forme qui a l'avantage de conduire à des expressions très simples pour les variations des éléments elliptiques. Il suffit, pour cela, de substituer aux différentielles de R, relatives à x, y, z, leurs différentielles relatives aux constantes introduites dans R par la substitution des valeurs de x, y, z, en fonction du temps et des éléments de l'orbite elliptique. Soient a, b, c, f, g, h, les six éléments; si l'on regarde x, y, z, comme des fonctions de a, b, c, f, g, h, on aura

$$\frac{d\mathrm{R}}{dx} = \frac{d\mathrm{R}}{da}\frac{da}{dx} + \frac{d\mathrm{R}}{db}\frac{db}{dx} + \frac{d\mathrm{R}}{dc}\frac{dc}{dx} + \frac{d\mathrm{R}}{df}\frac{df}{dx} + \frac{d\mathrm{R}}{dg}\frac{dg}{dx} + \frac{d\mathrm{R}}{dh}\frac{dh}{dx},$$

$$\frac{d\mathrm{R}}{dy} = \ldots\ldots\ldots$$

$$\frac{d\mathrm{R}}{dz} = \ldots\ldots\ldots$$

Ces valeurs, substituées dans l'expression de dx, donneront

$$da = \sum\left(\frac{da}{dx_1}\frac{da}{dx} + \frac{da}{dy_1}\frac{da}{dy} + \frac{da}{dz_1}\frac{da}{dz}\right)\frac{d\mathrm{R}}{da}dt,$$

$\sum$ indiquant la somme de six quantités que l'on obtiendrait en mettant successivement a, b, c, f, g, h, à la place de a, dans les différentielles qui ne sont pas prises relativement à x_1, y_1, z_1.

On peut faire disparaître de cette expression le terme qui renferme $\frac{d\mathrm{R}}{da}$. Car, puisque R ne contient pas les quantités x_1, y_1, z_1, on aura

$$o = \frac{dR}{dx_1} = \frac{dR}{da}\frac{da}{dx_1} + \frac{dR}{db}\frac{db}{dx_1} + \frac{dR}{dc}\frac{dc}{dx_1} + \frac{dR}{df}\frac{df}{dx_1} + \frac{dR}{dg}\frac{dg}{dx_1} + \frac{dR}{dh}\frac{dh}{dx_1},$$

$$o = \frac{dR}{dy_1} = \dots\dots\dots$$

$$o = \frac{dR}{dz_1} = \dots\dots\dots$$

Si l'on multiplie ces quantités nulles, la première par $\frac{da}{dx}$, la seconde par $\frac{da}{dy}$, la troisième par $\frac{da}{dz}$, et qu'on retranche leur somme de la valeur précédente de da, on aura

$$da = (a, b)\frac{dR}{db}dt + (a, c)\frac{dR}{dc}dt + (a, f)\frac{dR}{df}dt + (a, g)\frac{dR}{dg}dt + (a, h)\frac{dR}{dh}dt,$$

en posant, pour abréger,

$$(a, b) = \frac{da}{dx_1}\frac{db}{dx} - \frac{da}{dx}\frac{db}{dx_1} + \frac{da}{dy_1}\frac{db}{dy} - \frac{da}{dy}\frac{db}{dy_1} + \frac{da}{dz_1}\frac{db}{dz} - \frac{da}{dz}\frac{db}{dz_1},$$

$$(a, c) = \dots\dots\dots$$

$$\dots\dots\dots\dots\dots\dots$$

17. Cette expression de da est surtout remarquable en ce que les coefficients des différentielles partielles de R sont des fonctions de a, b, c, f, g, h, qui ne renferment pas le temps explicitement. En effet, différentions l'expression précédente de (a, b), nous aurons

$$\begin{aligned} d(a, b) = & \frac{da}{dx_1} d\frac{db}{dx} - \frac{db}{dx_1} d\frac{da}{dx} + \frac{db}{dx} d\frac{da}{dx_1} - \frac{da}{dx} d\frac{db}{dx_1} \\ & + \frac{da}{dy_1} d\frac{db}{dy} - \dots\dots \\ & + \frac{da}{dz_1} d\frac{db}{dz} - \dots\dots \end{aligned}$$

Formons les différentielles $d\frac{da}{dx}$, $d\frac{da}{dx_1}$,... et pour cela, différentions l'équation (a) par rapport à x, y, z, ensuite une seconde fois par rapport à t, et nous trouverons, en posant $V = \frac{\mu}{r}$,

$$d\frac{da}{dx} = -\left(\frac{da}{dx_1}\frac{d^2V}{dx^2} + \frac{da}{dy_1}\frac{d^2V}{dxdy} + \frac{da}{dz_1}\frac{d^2V}{dxdz}\right)dt,$$

$$d\frac{da}{dy} = - \ldots\ldots\ldots$$

$$d\frac{da}{dz} = - \ldots\ldots\ldots$$

Si maintenant l'on différentie la valeur de a, d'abord par rapport à x_1, y_1, z_1, et ensuite par rapport à t, on aura

$$d\frac{da}{dx_1} = -\frac{da}{dx}dt, \quad d\frac{da}{dy_1} = -\frac{da}{dy}dt, \quad d\frac{da}{dz_1} = -\frac{da}{dz}dt.$$

En supposant la constante b donnée par une équation semblable à celle qui détermine a, on aura pour les différentielles

$$d\frac{db}{dx}, \; d\frac{db}{dx_1}, \; d\frac{db}{dy}, \; d\frac{db}{dy_1}, \; d\frac{db}{dz}, \; d\frac{db}{dz_1},$$

des expressions semblables aux précédentes, en changeant seulement b en a.

Que l'on substitue maintenant ces valeurs dans l'expression de $d(a, b)$, on verra que les termes qui contiennent les différentielles de $\frac{da}{dx_1}$, $\frac{db}{dx_1}$, $\frac{da}{dy_1}$, $\frac{db}{dy_1}$, $\frac{da}{dz_1}$, $\frac{db}{dz_1}$ se détruisent mutuellement, et qu'en ordonnant par rapport aux différences partielles de V les termes qui contiennent les différentielles de $\frac{da}{dx}$, $\frac{db}{dx}$,... le coefficient de chacune de ces différentielles se réduit de lui-même à zéro.

18. L'intégration des équations (A′) nous a conduit à des équations qui ne renferment essentiellement que six constantes arbitraires : si donc, par des éliminations convenables, nous pouvions mettre ces six constantes sous la forme (a), il nous serait facile de calculer da, db, dc,... au moyen des quinze quantités (a, b), (a, c).... Mais cette élimination n'est pas nécessaire. Supposons, par exemple, que b soit de la forme

$$b = f(x, y, z, x_1, y_1, z_1, c, f, g),$$

toutes les autres constantes étant des fonctions immédiates de x, y, z, x_1, y_1, z_1, t. Au lieu de substituer pour c, f, g les valeurs que ces fonctions déterminent, différentions, et il viendra

$$\frac{db}{dx} = \left(\frac{db}{dx}\right) + \frac{db}{dc}\frac{dc}{dx} + \frac{db}{df}\frac{df}{dx} + \frac{db}{dg}\frac{dg}{dx},$$
$$\frac{db}{dx_1} = \left(\frac{db}{dx_1}\right) + \frac{db}{dc}\frac{dc}{dx_1} + \frac{db}{df}\frac{df}{dx_1} + \frac{db}{dg}\frac{dg}{dx_1},$$
. . . .

$\left(\frac{db}{dx}\right)$ désignant une différentiation dans laquelle on fait abstraction de c, f, g. Si l'on substitue ces valeurs dans l'expression de (a, b), il est aisé de voir qu'on aura

$$(a, b) = \overline{(a, b)} + (a, c)\frac{db}{dc} + (a, f)\frac{db}{df} + (a, g)\frac{db}{dg},$$

$\overline{(a, b)}$ représentant la valeur de (a, b) qu'on obtiendrait, abstraction faite des arbitraires c, f, g, que contient b.

19. Lorsque les variations des constantes seront déterminées, on aura par l'intégration leurs valeurs finies, qu'on ajoutera respectivement à ces constantes dans les valeurs des variables x, y, z, x_1, y_1, z_1, trouvées en faisant abstraction des forces perturbatrices. On connaîtra ainsi les valeurs de ces variables qui satisfont aux équations du mouvement troublé, et qui doivent, dans ce cas, déterminer à chaque instant la position du système.

G. *Application de la théorie précédente aux équations du mouvement elliptique.*

20. Dans les équations que nous avons obtenues par l'intégration des équations (A'), nous avons d'abord introduit les constantes c, c', c'', que nous pouvons remplacer par α, φ, k; et si nous tenons compte des trois autres constantes a, l, ω, nous aurons des éléments suffisants pour déterminer à chaque instant l'orbite de la planète et la position de la planète dans son orbite. La constante ω

exprime la longitude du périhélie, comptée sur le plan de l'orbite, à partir d'une ligne prise à volonté. Nous supposerons d'abord, pour faciliter les calculs, que cette ligne est celle des nœuds, et nous nommerons g ce que devient dans ce cas la constante ω.

Nous trouverons alors que, parmi les quinze combinaisons de la forme (a, b), onze sont nulles, et les quatre autres ont pour valeur, en posant $\mu = 1$,

$$(a, l) = 2a^2,$$
$$(k, g) = 1,$$
$$(g, \varphi) = \frac{-\cos\varphi}{k\sin\varphi},$$
$$(\varphi, \alpha) = \frac{-1}{k\sin\varphi},$$

de sorte que les variations de nos six constantes sont

$$(\text{B}) \quad \left\{ \begin{aligned} da &= 2a^2 \frac{d\text{R}}{dl} dt, \\ dl &= -2a^2 \frac{d\text{R}}{da} dt, \\ dk &= \frac{d\text{R}}{dg} dt, \\ dg &= -\frac{d\text{R}}{dk} dt - \frac{\cos\varphi}{k\sin\varphi} \frac{d\text{R}}{d\varphi} dt, \\ d\alpha &= \frac{1}{k\sin\varphi} \frac{d\text{R}}{d\varphi} dt, \\ d\varphi &= \frac{\cos\varphi}{k\sin\varphi} \frac{d\text{R}}{dg} dt - \frac{1}{k\sin\varphi} \frac{d\text{R}}{d\alpha} dt. \end{aligned} \right.$$

21. Ordinairement les constantes que l'on regarde comme les éléments de l'orbite sont, indépendamment de a, α, φ, les quantités e et ω, avec la longitude de la planète, à l'époque d'où l'on compte le temps, longitude que nous désignerons par ε. Cherchons à obtenir les variations de ces trois dernières quantités.

On parvient, par l'élimination de u entre (12) et (13), à développer $(v - \omega)$ en une série dont le premier terme est $n(t + l)$, et dont les autres termes renferment comme facteurs les sinus des multiples de l'angle $n(t+l)$; la lettre n représentant la quantité $a^{-\frac{3}{2}}$. Par conséquent l'équation du moyen mouvement de la planète est $v-\varpi = n(l+t)$. Si donc on compte le temps à partir du passage de la planète au périhélie, et que ε désigne sa longitude moyenne à cette époque, on aura $\varepsilon - \varpi = nl$. De cette relation on tirera

$$d\varepsilon = d\varpi + ndl - \frac{3}{2}\frac{\varepsilon - \varpi}{a}da.$$

La relation $k = \sqrt{a(1-e^2)}$ donnera d'ailleurs

$$de = -\frac{an\sqrt{1-e^2}}{e}dk + \frac{1-e^2}{2ae}da.$$

Quant à la valeur de ϖ, elle donnerait $d\varpi = dg$, si la ligne des nœuds était immobile; mais cette droite changeant à chaque instant de position, il est clair que $d\varpi$ est égal à dg, plus le mouvement des nœuds dans l'instant dt, projeté sur le plan de l'orbite : on aura ainsi

$$d\varpi = dg + \cos\varphi\, d\alpha.$$

22. Il faut aussi exprimer les différentielles de R relatives à k, l et g, par des différentielles relatives à e, ϖ et ε. Pour cela, nous différentierons la quantité R considérée successivement comme fonction des arbitraires a, l, k, g, α, et des arbitraires a, ε, e, ϖ, α, ce qui donnera l'équation identique

$$\frac{dR}{da}da + \frac{dR}{dl}dl + \frac{dR}{dk}dk + \frac{dR}{dg}dg + \frac{dR}{d\alpha}d\alpha$$
$$= \left(\frac{dR}{da}\right)da + \frac{dR}{d\varepsilon}d\varepsilon + \frac{dR}{de}de + \frac{dR}{d\varpi}d\varpi + \left(\frac{dR}{d\alpha}\right)d\alpha.$$

Substituons dans le second membre, à la place de $d\varepsilon$, de, $d\varpi$, leurs valeurs précédentes, et égalons ensuite, de part et d'autre, les coefficients de da, dl, dk, dg, $d\alpha$, nous aurons

$$\frac{dR}{da} = \left(\frac{dR}{da}\right) + \frac{1 - e^2}{2ae}\,\frac{dR}{de} - \frac{3}{2}\,\frac{\varepsilon - \varpi}{a}\,\frac{dR}{d\varepsilon},$$

$$\frac{dR}{dl} = n\,\frac{dR}{d\varepsilon},$$

$$\frac{dR}{dk} = -\,\frac{an\sqrt{1 - e^2}}{e}\,\frac{dR}{de},$$

$$\frac{dR}{dg} = \frac{dR}{d\varepsilon} + \frac{dR}{d\varpi},$$

$$\frac{dR}{d\alpha} = \left(\frac{dR}{d\alpha}\right) + \cos\varphi\,\frac{dR}{d\varepsilon} + \cos\varphi\,\frac{dR}{d\varpi}.$$

Si l'on introduit ces valeurs dans les formules (B), et qu'ensuite on substitue pour da, dl, dk, dg, $d\alpha$, leurs valeurs résultantes dans $d\varepsilon$, de, $d\varpi$, on aura, pour déterminer les variations des six éléments de l'orbite elliptique, les équations suivantes :

$$da = 2a^2n\,\frac{dR}{d\varepsilon}\,dt,$$

$$d\varepsilon = \frac{an\sqrt{1 - e^2}}{e}\left(1 - \sqrt{1 - e^2}\right)\frac{dR}{de}\,dt - 2a^2n\,\frac{dR}{da}\,dt,$$

$$de = -\,\frac{an\sqrt{1 - e^2}}{e}\left(1 - \sqrt{1 - e^2}\right)\frac{dR}{d\varepsilon}\,dt - \frac{an\sqrt{1 - e^2}}{e}\,\frac{dR}{d\varpi}\,dt,$$

$$d\varpi = \frac{an\sqrt{1 - e^2}}{e}\,\frac{dR}{de}\,dt,$$

$$d\alpha = \frac{an}{\sqrt{1 - e^2}\,\sin\varphi}\,\frac{dR}{d\varphi}\,dt,$$

$$d\varphi = -\,\frac{an}{\sqrt{1 - e^2}\,\sin\varphi}\,\frac{dR}{d\alpha}\,dt.$$

Ces formules expriment donc les variations des éléments de l'orbite elliptique par les différentielles partielles de la fonction R, relatives à ces mêmes éléments, et multipliées par des coefficients qui ne renferment pas le temps d'une manière explicite. Il suffira donc, pour avoir leurs valeurs finies, de différentier, par rapport à ces éléments, chaque terme du développement de R, et de l'intégrer ensuite.

Vu et approuvé,
Le Doyen de la Faculté,
J.-B. BIOT.

Permis d'imprimer,
l'Inspecteur général des Études,
chargé de l'administration de l'Académie de Paris,
ROUSSELLES.

www.ingramcontent.com/pod-product-compliance
Lightning Source LLC
Chambersburg PA
CBHW071414200326
41520CB00014B/3435
9782014503449